Boas Práticas de Fabricação (BPF) na Produção Artesanal

Diagnóstico de BPF na Produção Artesanal de Farinha de Bombó e Bebida Destilada

Musole Tchisola
Hélio Caquelengo David

Boas Práticas de Fabricação (BPF) na Produção Artesanal

Diagnóstico de BPF na Produção Artesanal de Farinha de Bombó e Bebida Destilada

ELIVA PRESS

ISBN: 978-99993-4-510-1

Cover Design: Eliva Press
Cover Image: www.ingimage.com
Email: info@elivapress.com
Website: www.elivapress.com

This Eliva Press imprint is published by the registered company Eliva Press Global Ltd. part of Eliva Press S.R.L. Publishing Group

The registered company address is: Pope Hennessy Street Level 2, Hennessy Tower Port Louis, Mauritius
Eliva Press S.R.L. Publishing Group legal address is: Bd. Cuza-Voda 1/4 of. 21, Chisinau, Moldova, Europe

ÍNDICE

LISTA DE TABELAS

LISTA DE FIGURAS

LISTA DE SÍMBOLOS, ABREVIATURAS E SIGLAS

ADECOS - Agentes de Desenvolvimento Comunitário e Sanitário

BPF - Boas Práticas de Fabricação

FAS - Fundo de Apoio Social

LVBP - Lista de Verificação das Boas Práticas

ANVISA - Agência Nacional de Vigilância Sanitária

MINAGRI - Ministério da Agricultura

1. INTRODUÇÃO

Na alimentação contemporânea, a ampliação dos fluxos de intercâmbio e a abertura das famílias às novas possibilidades de consumo têm provocado uma perda de referência dos produtos, valores e formas tradicionais de produção e elaboração. Actualmente consome-se cada vez maior quantidade de alimentos processados industrialmente, e o essencial da alimentação, quer seja da maioria dos países desenvolvidos como dos países em fase de desenvolvimento, provém de um sistema de produção e distribuição de escala global (Dentz, 2017).

1.1. JUSTIFICATIVA

Com a queda do preço do petróleo e a redução significativa das receitas fiscais petrolíferas, o governo angolano está a incentivar a produção agroindustrial, com vista ao aumento da contribuição do sector não petrolífero no PIB.

Em Angola identificam-se pelo menos três (3) tipos de agricultores familiares, sendo: a) Subsistência, b) Transição (consolidação da comercialização e/ou transformação) e c) Consolidados (integração com os mercados), substrato que igualmente é encontrado no sub sector na Pesca artesanal e aquicultura e merece uma intervenção diferenciada (Ministério da Agricultura e Pescas, 2020).

O País tem um enorme potencial de produzir localmente muito do que importa. Por exemplo, Dados do Conselho Nacional de Carregadores de Angola apontam que em 2015, dos 10 produtos mais importados 7 eram do ramo alimentar e em 2016 já eram 8. Este facto faz com que a indústria transformadora tenha um enorme potencial de crescimento, quer pelo número de postos de trabalho que criará, quer pelo contributo no processo de substituição das importações e diversificação das exportações. Deste modo, a indústria transformadora apresenta-se como um sector estratégico para Angola (Ministério das Relações Exterior, 2010).

Hoje o sector é liderado, em termos de importância, pela indústria de bebidas com 60%, seguindo-se a indústria alimentar com 20%, o que representa uma importante oportunidade para potenciais investidores (MINAGRI, 2017). Deste modo, a indústria transformadora apresenta-se como um sector estratégico para Angola.

Por outro lado, existem os produtos que dominam as mesas da população, mas que são processados artesanalmente como exemplo do *Bombó*, Óleo de dendê, *Fuba* de milho, *Capuca* e outros que, apesar de fazerem parte das mesas da população todos os dias, poucos estudos são levados a cabo para compreender a forma que são processados.

O presente relatório de pesquisa prática está relacionado à compreensão da produção de produtos agro-alimentares, precisamente a caracterização da produção de *Bombó* e *Capuca*, artesanalmente produzidos nalgumas localidades da região Centro-Norte do país. Trata-se de um tema de crucial importância, pois através dela haverá um incremento de informações a respeito daquilo que se pratica no território nacional, bem como promoção da cultura alimentar da região em estudo.

Actualmente existem alguns trabalhos de investigação relacionados aos produtos em estudo, mas a nível nacional quase nenhum trabalho se fez, apesar da pertinência do assunto. Grande parte (quase todos) desses trabalhos de investigação existente estão concentrados nos países da América do Sul.

Para a academia, este estudo é particularmente importante, pois a utilização desse conhecimento permitirá aos estudantes e pesquisadores particulares compreenderem melhor a forma que são processadas alguns dos produtos que fazem parte da dieta de consumo diário da população do país.

1.2. PROBLEMA

Diante do quadro apresentado e com vista a dar sentido ao estudo, formulou-se a seguinte pergunta partida:

- ✓ Como são processados artesanalmente os produtos agro-alimentares na região Centro-Norte do país?

Esta pergunta remete para algumas questões específicas como:

- ✓ O processamento artesanal de produtos agro-alimentares na região Centro-Norte de Angola obedece aos princípios de Boas Práticas de Fabricação (BPF)?
- ✓ Quais equipamentos são utilizados no processamento artesanal de produtos agro-alimentares na região Centro-Norte do país?

1.3. HIPÓTESE

- ✓ A produção artesanal de produtos agro-alimentares na região Centro Norte de Angola não cumpre com as Boas Práticas de Fabricação (BPF).

1.4. OBJECTIVO GERAL

- ✓ Caracterizar pequenas transformações artesanais de produtos agro-alimentares na região Centro-Norte de Angola.

1.5. OBJECTIVOS ESPECÍFICOS

- ✓ Descrever as etapas do processo de produção artesanal de *fuba de Bombó* e *Capuca*;
- ✓ Explicar o funcionamento dos equipamentos utilizados no processo de produção artesanal de alguns produtos agro-alimentares na região Centro-Norte de Angola;
- ✓ Avaliar a aplicação, ou não, das Boas Práticas de Fabricação (BPF) no processo de produção artesanal de alguns produtos agro-alimentares na região Centro-Norte de Angola.

2. SÍNTESE BIBLIOGRÁFICA

O fomento e a diversificação da produção nacional constituem uma área de intervenção central do PDN 2018-2022. É fundamental que Angola consiga produzir mais e de forma mais diversificada, diminuindo os riscos de uma estrutura produtiva tendencialmente mono-produtora, nomeadamente em termos das relações económicas externas. A diversificação da produção nacional permitirá viabilizar uma política de substituição das importações e de fomento das exportações, contribuindo para a diminuição do défice da balança comercial e da necessidade de divisas. Por outro lado, a criação de riqueza, com origem na produção nacional, é uma condição indispensável para melhorar a qualidade de vida dos angolanos, criar as bases para a superação das desigualdades sociais e reforçar os fundamentos de uma sociedade livre e democrática.

Nos dias actuais, nota um crescente interesse por parte dos consumidores pelos alimentos tradicionais. Esse interesse se deve a alguns factores ligados à actual crise do modelo de desenvolvimento agrícola como: a incapacidade de produção em escala das pequenas propriedades rurais, cuja competição se dá pelo custo de produção em relação às empresas de grande porte; a integração dos alimentos tradicionais nas políticas de desenvolvimento rural; e, por fim, a crescente desconfiança do consumidor em relação aos produtos industrializados (Queiros, 2006).

Para Carvalho *at al.*, (2017), o processamento artesanal de alimentos tem sido uma das formas de resgate e manutenção da cultura alimentar, e uma estratégia de resistência à completa homogeneização provocada pela... grande agroindústria alimentar.

2.1. PRODUTOS ALIMENTARES TRADICIONAIS ELABORADOS DE FORMA ARTESANAL

Produtos alimentares artesanais são produtos que apresentam algum grau de processamento e são produzidos no interior das propriedades rurais, geralmente pelo produtor e/ou sua família, através de um processo artesanal de produção (Dentz, 2017).

Neste sentido, quando falamos em modos de fazer tradicionais, faz-se necessária a reflexão sobre o próprio termo tradição, que para Bornheim, (1997), é o conjunto de valores dentro dos quais os indivíduos se estabelecem.

Para Schlüter (2003), os produtos compreendidos como artesanais, tradicionais, étnicos, típicos ou regionais, traduzem toda uma herança cultural que se prende a factores como o clima, a situação geográfica, as especificidades dos solos, a história, a situação político-social da região e do mundo, em diferentes épocas. Nesse sentido, os recursos disponíveis em cada época são um importante factor que possibilita a combinação de matérias-primas, a confecção, os métodos de preparo e de conservação, estes que são os elementos responsáveis pela origem de diversos produtos representativos dos diferentes povos e culturas.

Carvalho, et al., (2017) declara que há uma tendência de aumento da diversidade de produtos a serem produzidos artesanalmente, agregando valor a produção destes produtores, possibilitando assim a manutenção das famílias no ambiente rural, propiciando então a sucessão familiar.

Os produtos tradicionais, também são denominados produtos com história, pois se constituem e fazem parte da história social de uma determinada cultura. Vindos de um longo tempo, através de gerações que os foram produzindo e recriando, esses produtos marcam um processo que reúne relações sociais e familiares, num encontro entre o saber e a experiência; portanto, a produção desses alimentos é, ainda, uma arte construída ao longo do tempo através da tradição familiar (Ribeiro & Martins, 1995).

2.2. O PROCESSAMENTO ARTESANAL DE ALIMENTOS COMO ESTÍMULOS AO DESENVOLVIMENTO DE SISTEMAS DE PRODUÇÃO MAIS SUSTENTÁVEIS

Nossa alimentação encontra-se duramente impactada pelo consumo de alimentos industrializados, onde o imperativo do "mais fácil" e "prontamente disponível" determina o consumo desses produtos. O processamento artesanal é uma das estratégias de implementação da diversidade e da qualidade da produção de alimentos, em um ambiente rural no qual o paradigma actual é a monocultura (Carvalho, et al., 2017).

Os produtos artesanais, antes considerados como símbolos do atraso socioeconômico de um indivíduo, de uma região ou de um país, actualmente vêm sendo reconhecidos, em primeiro como elementos potencialmente capazes de revitalizar a economia dos meios rurais (Zuin & Zuin, 2007). O processamento artesanal de alimentos é uma estratégia de estímulo à diversificação produtiva e para o desenvolvimento de sistemas mais sustentáveis (Carvalho, et al., 2017).

A produção de alimentos tradicionais propicia o trabalho em família, pois envolve os saberes-fazeres das mulheres, já que são elas as principais produtoras desses alimentos. A produção desses alimentos seria uma alternativa para o desenvolvimento local, assegurando aos pequenos produtores a valorização de sua cultura, de sua história e de sua produção (Zuin & Zuin, 2007).

Para Carvalho, at al. (2017), a fabricação artesanal de alimentos procedentes da agricultura familiar vai contra e ideia de produção em larga escala das grandes marcas, e as famílias produzem alimentos diversificados para a sua subsistência e comercializa o excedente em mercados de circuito curto, o que permite a manutenção da cultura de cada região. Os alimentos de fabricação artesanal não fazem o uso de químicos durante o processo de produção. Isso permite a fabricação de alimentos mais saudáveis em comparação com os industrializados, contribuindo assim para a segurança nutricional e manutenção da saúde das pessoas.

2.3. DOENÇAS TRANSMITIDAS POR ALIMENTOS (DTA)

As doenças de origem alimentar continuam a ser responsáveis por elevados níveis de morbilidade e mortalidade na população em geral, especialmente nos grupos de risco que inclui crianças e jovens, idosos e imunodeprimidos (OMS, 2009).

Segundo Chin (2002) , as enfermidades de origem alimentar, incluindo intoxicações e infecções alimentares, são termos que se aplicam a todas as enfermidades que se adquirem pelo consumo de alimentos contaminados. Esses termos incluem também as intoxicações causadas por contaminantes químicos, como os metais pesados, e por muitos compostos orgânicos, porém, sem dúvida, as intoxicações de origem alimentar mais frequentes são as de origem microbiana.

> "As doenças devidas a alimentos contaminados são provavelmente o mais vasto e disseminado problema de saúde no mundo contemporâneo e uma importante causa de redução da produtividade económica"
>
> (Araújo, 1997)

As doenças de origem alimentar são um problema de saúde pública, não só dos países em desenvolvimento mas também dos países mais desenvolvidos, cuja a verdadeira dimensão é desconhecida, não só porque os sintomas associados a uma doença de origem alimentar são também próprios de outras doenças, sendo muitas vezes impossível a diferenciação, mas também porque muitos destes casos não são reportados às autoridades, tornando-se difícil uma verdadeira análise da importância do problema, afim de delinear uma estratégia eficaz para erradicar o problema (Mendes, 2004).

A OMS estima que o conhecimento oficial das doenças de origem alimentar seja de 10% em relação ao total de ocorrências (Soares, 2007).

Todas as pessoas estão sujeitas a doenças de origem alimentar. As doenças de origem alimentar manifestam-se por um conjunto de sintomas, tais como, diarreias, dores abdominais, vómitos, náuseas, desidratação, sendo vulgarmente conhecidas por gastroenterites ou doenças diarreicas. Estes sintomas, são a resposta do nosso organismo uma perturbação das funções do aparelho gastrointestinal, podendo manifestar-se de uma forma mais ligeira, através de uma ligeira indisposição, ou de situações que exigem cuidados hospitalares até mesmo podendo causar a morte (Soares, 2007).

Os agentes causadores de doenças transmitidas por alimentos podem ser designados como clássicos, emergentes e reemergentes. Os clássicos são conhecidos clínica e epidemiologicamente: *Staphylococcus aureus*, *Bacillus cereus*, *Clostridium botulinum* e *Clostridium perfringens*, entre outros. Os emergentes não eram reconhecidos como causadores de DTAs, mas está sendo comprovado o seu papel como novos agentes etiológicos. As bactérias Escherichia coli O157:H7, *Campylobacter jejuni* e *Listeria monocytogenes* estão incluídas nessa categoria. Os agentes reemergentes são agentes clássicos, considerados controlados, e que estão ressurgindo com uma nova incidência clínica alguns deles apresentando-se com maior severidade. Nesse grupo, encontram-se os agentes responsáveis pela tuberculose, brucelose e cisticercose (Teixeira & Bonacim, 2003).

2.4. BOAS PRÁTICAS DE FABRICAÇÃO DE ALIMENTOS

Actualmente, com consumidores cada vez mais preocupados com a qualidade higiênico-sanitária dos alimentos consumidos fora do domicilio, a Segurança Alimentar tornou-se um tema de preocupação pública e torna-se indispensável o controle das etapas de higiene, preparo e armazenamento dos alimentos, para garantir que não causará danos à saúde do indivíduo (Hilário, 2011).

A crescente internacionalização do comércio assim como a alteração sofrida dos hábitos alimentares e a incorporação de novas técnicas de produção, preparação e distribuição dos alimentos, a suscetibilidade de ocorrência de problemas associados ao consumo dos alimentos torna-se vulnerável, para tal o controlo higiénico eficaz é fundamental para evitar as consequências nefastas para a saúde humana. Como tal e ao longo da cadeia alimentar, todos os intervenientes têm a responsabilidade de assegurar que os alimentos são seguros e adequados ao consumo, preservando, neste sentido a saúde do consumidor. (CAC/RCP 1 - 1969 (Rev. 4), 2003).

As BPF são um conjunto de normas empregadas em produtos, processos, serviços e edificações, visando à promoção e à certificação da qualidade e da segurança do alimento. A qualidade da matéria-prima, a arquitetura dos equipamentos e das instalações, as condições higiênicas do ambiente de trabalho, as técnicas de manipulação dos alimentos e a saúde dos funcionários são factores importantes a serem considerados na produção de alimentos seguros e de qualidade, devendo, portanto, ser considerados nas BPF (Brasil, 1993). São necessárias para controlar possíveis fontes de contaminação cruzada e para garantir que o produto atenda às especificações de identidade e de qualidade. A qualidade sensorial desses produtos, já percebida pelos consumidores, deve vir acompanhada da qualidade sanitária, para que possam demonstrar o seu diferencial, tão desejado pelo setor produtivo (Brasil, 2002).

As normas que estabelecem as chamadas BPF envolvem requisitos fundamentais que vão desde as instalações, passando por rigorosas regras de higiene pessoal e limpeza do local de trabalho (tais como lavagem correcta e frequente das mãos, utilização adequadamente dos uniformes, disposição correcta de todo o material utilizado nos banheiros e o uso de sanitizantes) até a descrição, por escrito, dos procedimentos envolvidos no processamento do produto (Queiroz, Rodrigues, Alves, & Kakisaka, 2000).

A importância das BPF no preparo, manuseio, armazenamento e distribuição dos alimentos é a principal forma de prevenir e evitar doenças e enfermidades transmitidas pela manipulação e consumo de alimentos (Castro, 2013).

De acordo com (Rodrigues, 2010), as boas práticas devem constituir o manual de boas práticas (MBP), que é o documento que descreve as operações realizadas pelo estabelecimento, incluindo, no mínimo, os requisitos higiênico-sanitários dos edifícios, a manutenção e higienização das instalações, dos equipamentos e dos utensílios, o controle da água de abastecimento, o controle integrado de vectores e pragas urbanas, a capacitação profissional, o controle da higiene e saúde dos manipuladores, o manejo de resíduos e o controle e garantia de qualidade dos alimentos preparados.

As BPF abordam os princípios e os procedimentos essenciais para a produção de alimentos seguros e são pré-requisitos para a implantação de programas de qualidade na indústria de alimentos.

As BPF representam uma importante ferramenta da qualidade para o alcance de níveis adequados de segurança dos alimentos. Sua adoção é um requisito da legislação vigente e faz parte dos programas de garantia da qualidade do produto final. Devem ser aplicadas desde a recepção da matéria prima, processamento, até a expedição de produtos, que vão desde a qualidade da matéria-prima e dos ingredientes, à qualidade da água. Um programa de BPF é dividido nos seguintes itens: instalações industriais; pessoal; operações; controle de pragas; controle da matéria-prima; registros, documentação e rastreabilidade (Brasil, 2015).

É necessária a avaliação das Boas Práticas de Fabricação nas entidades que produzem alimentos, tencionando assim a melhoria das condições de higiene e saúde que abrangem a fabricação dos produtos, de modo que se obtenha um diagnóstico da situação, propondo ajustes e/ou aperfeiçoamento (Oliveira, Sousa, Alves, Medeiros, & Mendonça, 2020).

2.5. PROCEDIMENTOS OPERACIONAIS PADRONIZADOS

Os POP constituem um dos documentos do programa de BPF, e apresentam como objectivo a padronização da metodologia do desempenho de tarefas específicas, propiciando que os resultados esperados sejam alcançados, independente de quem realize. Os POP devem ser descritos com linguagem objectiva, simples e direta, sem dificuldades para seu entendimento, ou seja, com enfoque no manipulador de alimentos (Santos Junior, 2011).

3. MATÉRIAIS E MÉTODOS

3.1. TÉCNICA DE PESQUISA

O presente relatório é resultado de uma combinação de pesquisa de campo (do tipo exploratório, usando procedimentos específicos para colecta de dados) e observação direita intensiva, e foi realizada através de duas técnicas: observação e entrevista. A pesquisa ocorreu no período compreendido desde 05 de Abril até 25 de Junho de 2021.

A observação realizada classifica-se em: estruturada ou sistemática (segundo os meios utilizados); não-participante (segundo a participação do observador); individual segundo o número de observador; efectuada na vida real ou trabalho de campo (segundo o local onde se realizou).

Para a colecta de dados utilizou-se a entrevista do tipo despadronizada ou não estruturada, na modalidade de entrevista focalizada, seguindo variavelmente um roteiro de tópicos.

Essa escolha metodológica se justifica pela especificidade do tema investigado, que apresenta carácter eminentemente sociocultural e forte relação com a formação socioespacial da área objecto de estudo. Marconi & Lakatos, (2003) acrescentam também que a selecção da entrevista como técnica de recolha de dados guia-se pelas seguintes vantagens:

- Pode ser utilizada com todos os segmentos da população: analfabetos ou alfabetizados;
- Fornece uma amostragem muito melhor da população geral: o entrevistado não precisa saber ler ou escrever;
- Há maior flexibilidade, podendo o entrevistador repetir ou esclarecer perguntas, formular de maneira diferente; especificar algum significado, como garantia de estar sendo compreendido;
- Oferece maior oportunidade para avaliar actitudes, condutas, podendo o entrevistado ser observado naquilo que diz e como diz: registro de reações, gestos etc.;

- Dá oportunidade para a obtenção de dados que não se encontram em fontes documentais e que sejam relevantes e significativos.

Em contrapartida, a entrevista apresenta algumas limitações ou desvantagens, que podem ser superadas ou minimizadas se o pesquisador for uma pessoa com bastante experiência ou tiver muito bom-senso. As limitações são:

- Incompreensão, por parte do informante, do significado das perguntas, da pesquisa, que pode levar a uma falsa interpretação;
- Possibilidade de o entrevistado ser influenciado, consciente ou inconscientemente, pelo questionador, pelo seu aspecto físico, suas actitudes, ideias, opiniões, etc.;
- Disposição do entrevistado em dar as informações necessárias;
- Retenção de alguns dados importantes, receando que sua identidade seja revelada;
- Pequeno grau de controle sobre uma situação de colecta de dados.

Para o diagnóstico da aplicação das BPF utilizou-se uma *check list* contendo um total de 164 questões, organizados por itens, conforme a Tabela abaixo.

Tabela 1: Blocos de itens avaliados da LVBP, conforme RDC 275/2002, da ANVISA.

Itens avaliados	**Nº de Itens (n)**
Edificação e Instalações	46
Higiene das Instalações	9
Controle integrado de vectores e pragas urbanas	3
Abastecimento de água	13
Manejo de resíduos	3
Esgotamento sanitário	1
Layout	2
Equipamentos, móveis e utensílios.	12
Higienização dos equipamentos e maquinários, e dos móveis e utensílios.	9
Manipuladores	14
Matéria prima, ingredientes e embalagens.	11
Fluxo de produção	4
Rotulagem e armazenamento do rótulo	9
Controlo de qualidade do produto final	4
Transporte do produto final	5
Manual de Boas Práticas de Fabricação	1
Procedimentos operacionais padronizados	16
Total de itens	**162**

Foi utilizada uma abordagem qualitativa na modalidade de estudo de caso (Gil, 2008). Uns diagnósticos dos locais e dos processos da produção de *farinha Bombó* e *Capuca* foram realizados com base na estrita observação *in loco* da produção artesanal.

A *check list* apresenta como forma de preenchimento respostas classificadas em SIM (S) quando o item avaliado obteve adequação, NÃO (N) quando apresentou inadequação e NÃO SE APLICA (NA) para os itens não existentes e/ou não relacionados com a unidade produtora de alimento em estudo.

Para classificar as unidades produtoras de alimentos quanto as BPF, adotaram-se parâmetros de recomendações da RDC Nº 275 de 21/10/2002 com base na RDC 216/2004. Contudo foram adicionados, conceitos de acordo com (Saccol, 2007), conforme quadro a seguir.

Tabela 2: Classificação quanto às boas práticas de acordo com RDC 275/2002, da ANVISA.

Grupo	**Nº de itens atendidos**	**Conceito**
Grupo – 1	76 a 100% de atendimento dos itens	Bom
Grupo – 2	51 a 75% de atendimento dos itens	Regular
Grupo – 3	0 a 50% de atendimento dos itens	Deficiente

Fonte: Sacool, 2007.

3.2. AMOSTRAGEM

Objectiva-se que o universo populacional da pesquisa seja constituído pelos principais intervenientes no processo de produção artesanal de *Bombó* e *Capuca*, isto é, produtores/as dos locais onde se realizou a pesquisa. Por efeito, espera-se trabalhar com uma amostra que seja representativa da população.

3.3. DELIMITAÇÃO DO UNIVERSO (DESCRIÇÃO DA POPULAÇÃO AMOSTRAL)

A pesquisa foi realizada nos municípios de Quiculungo (província do Cuanza Norte) e Cambundi Catembo (província de Malanje). Ocorreu durante três meses (Abril, Maio e Junho), em um total de quinze aldeias e seis comunas.

No município de Quiculungo entrevistou-se um total de cinco senhoras produtoras de *Bombó* que abaixo denominamos Unidades Produtoras de *Bombó* A, B, C, D e E, e dois produtores de *Capuca* denominados abaixo de Unidades Produtoras de *Capuca* A e B em um total de quatro sectores (Comunas) que foram: sector do Kibanda, sector do Quisseque, sector do Zala e sector do Cacoxi. No município de Cambundi Catembo entrevistou-se um total de cinco senhoras produtoras de *Bombó* denominadas abaixo por Unidades Produtoras de *Bombó* F, G, H, I e J, e três produtores de *Capuca* denominado abaixo por Unidades Produtoras de *Capuca* E, F e G, em um total de duas comunas que foram: comuna do Dumba Cabango e Comuna de Cambundi Catembo (Sede).

3.4. PROCEDIMENTO

Os dados recolhidos através da entrevista e observação foram compilados em forma de fluxogramas que descrevem simplificadamente o conjunto de etapas que se seguem para a produção de cada produto.

Aplicou-se *check-list* em dez produtoras de *Bombó* e cinco produtores de *Capuca*, selecionados aleatoriamente, avaliando as BPF (ANEXO I). O *check-list* foi preenchido por meio de observações no próprio local e informações fornecidas pelos proprietários dos estabelecimentos (estrutura onde ocorre a produção). As respostas sobre a adequação incluíram "SIM", "NÃO", "NÃO SE APLICA".

Para cada resposta SIM, foi atribuída a nota 1 (um) e para cada resposta NÃO, foi atribuída a nota 0 (zero). As respostas NÃO SE APLICAM foram reduzidas do total de itens avaliados e não foram computadas na soma final. Para o cálculo da percentagem de itens conformes, foi utilizada a Equação abaixo:

$$\text{Itens atendidos (\%)} = \frac{\text{Total de SIM}}{\text{Total de Itens - Itens NA}} \times 100$$

A classificação das empresas foi realizada com base na percentagem de itens atendidos, de acordo com o descrito na RDC Nº 275/2002, da ANVISA. Assim, para percentagem de itens atendidos entre 100 e 76%, a empresa foi classificada como de "Baixo Risco"; entre 75 e 51%, classificada como "Médio Risco" e menor que 50%, classificada como "Alto Risco".

4. RESULTADOS E DISCUSSÕES

Neste capítulo são apresentados e discutidos os fluxogramas que descrevem o conjunto de etapas para a produção artesanal de cada produto, relacionando-os com a aplicação ou não das BPF.

4.1. FLUXOGRAMA DE PRODUÇÃO ARTESANAL DE FUBA DE BOMBÓ

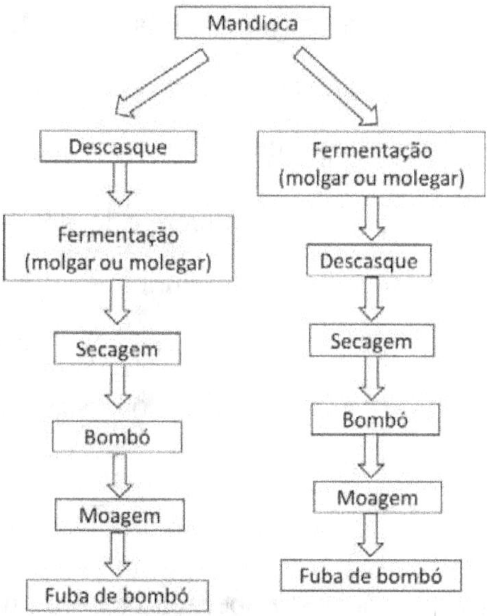

Figura 1: Fluxograma de produção artesanal de Fuba de bombó, nos municípios de Quiculungo e Cambundi Catembo.

A figura (1) acima faz referência das etapas que obedece ao processo artesanal de produção de *Fuba de bombó*, sem fazer menção do tempo/temperatura das etapas onde este é exigido. Este fluxograma é a ilustração de duas formas possíveis de produzir *Fuba de bombó.*

A matéria-prima geralmente usada são mandiocas das variedades bravas (amargas) que são as mais produzidas devido a grande frequência de roubos no caso das mandiocas mansas (doces) e também devido a poucos ataques pelos animais selvagens ou domésticos que tem a mandioqueira como alimento.

Descasque: o descasque pode ser feito antes ou depois da fermentação, dependendo do local onde o processo de fermentação ocorre. No caso em que a fermentação ocorre num tambor, o descasque faz-se antes da fermentação e no caso em que a fermentação ocorre no rio, o descasque faz-se depois do processo de fermentação.

Fermentação: esta operação é comumente chamada de molga (molgar) ou molega (molegar) nas regiões onde se realizou a pesquisa. O processo de fermentação da mandioca para a produção de Bombó tem um intervalo de duração de um a três dias. Esta diferença de tempo dá-se em função da diferença de época (fria ou chuvosa). Na época fria a fermentação ocorre durante três dias devido ao clima que desfavorece o processo enquanto que na época quente a fermentação ocorre em apenas um dia. A fermentação pode ocorrer em dois locais, no rio ou no tambor, como mencionado anteriormente. É quase impossível mensural a quantidade de água utilizada nesta operação unitária e há um desconhecimento total, por parte da população, dos microrganismos que participam deste processo.

Secagem: é a operação unitária que segue depois da fermentação. É realizada a secagem natural, expondo o produto no sol, estendendo-o numa lona plástica (VER APÊNDICE) ou sobre as bermas de uma estrada asfaltada. Geralmente a secagem dura de 4 a 7 dias, com exceção a época chuvosa em que esse período se alonga por um pouco mais de tempo.

Após a secagem obtém-se o *Bombó* que pode ter destinos diferentes, dependendo do produtor. Geralmente é levado até à um moinho para se efectuar a moagem e produzir a *Fuba de Bombó*. Além disso, o *Bombó* também pode ser usado para o consumo direito: frito ou assado sobre o fogo aceso.

4.2. BPF NA PRODUÇÃO ARTESANAL DE BOMBÓ

A Tabela 3 apresenta os resultados por área dos estabelecimentos, informando a quantidade de conformidades e não conformidades das BPF, das 10 unidades produtoras de *Bombó*, nos municípios de Quiculungo e Cambundi Catembo.

Nesta tabela nota-se que os itens Controlo Integrado de Vectores e Pragas, Abastecimento de Água, Manejo de Resíduos, Esgotamento Sanitário, Layout, Fluxo de Produção e Controlo de Qualidade tem frequência zero (0) para todas as Unidades Produtoras.

Tabela 3: Frequência de Adequações e Inadequações das 10 produtoras de bombó, nos municípios de Quiculungo e Cambundi Catembo.

Check List	Frequência de Adequações e Inadequações das 10 produtoras de bombó									
	A	B	C	D	E	F	G	H	I	J
Edificação e Instalações										
Adequações	1	1	2	2	3	1	2	1	3	2
Inadequações	18	21	18	20	9	19	18	20	16	17
Não Aplicáveis	27	24	26	24	34	26	26	25	27	27
Higienização das Instalações										
Adequações	0	2	1	0	0	1	2	2	0	2
Inadequações	2	5	5	4	0	6	3	6	3	5
Não Aplicáveis	7	2	3	5	9	2	4	1	6	2
Controle integrado de vectores e pragas urbanas										
Adequações	0	0	0	0	0	0	0	0	0	0
Inadequações	2	2	2	2	2	2	2	2	2	2
Não Aplicáveis	1	1	1	1	1	1	1	1	1	1
Abastecimento de Água										
Adequações	0	0	0	0	0	0	0	0	0	0
Inadequações	2	2	2	2	2	2	2	2	2	2
Não Aplicáveis	11	11	11	11	11	11	11	11	11	11

Manejo de Resíduos										
Adequações	0	0	0	0	0	0	0	0	0	0
Inadequações	3	3	3	3	3	3	3	3	3	3
Não Aplicáveis	0	0	0	0	0	0	0	0	0	0
Esgotamento sanitário										
Adequações	0	0	0	0	0	0	0	0	0	0
Inadequações	0	0	0	0	0	0	0	0	0	0
Não Aplicáveis	1	1	1	1	1	1	1	1	1	1
Layout										
Adequações	0	0	0	0	0	0	0	0	0	0
Inadequações	2	2	2	2	2	2	2	2	2	2
Não Aplicáveis	0	0	0	0	0	0	0	0	0	0
Equipamentos, móveis e utensílios										
Adequações	0	0	2	1	0	2	1	2	0	0
Inadequações	6	4	4	4	2	4	5	3	4	5
Não Aplicáveis	6	8	6	7	10	6	6	7	8	7

Higienização dos equipamentos e maquinários, e dos móveis e utensílios										
Adequações	0	1	1	0	0	1	0	0	0	1
Inadequações	4	6	4	5	1	5	5	7	6	6
Não Aplicáveis	5	2	4	4	8	3	4	2	3	2
Manipuladores										
Adequações	1	2	3	0	1	0	1	1	1	4
Inadequações	6	5	2	6	5	6	5	7	6	6
Não Aplicáveis	7	7	9	8	8	8	8	6	7	4
Matéria prima, ingredientes e embalagens										
Adequações	0	0	1	0	1	1	1	1	0	1
Inadequações	5	4	5	6	3	4	3	5	4	5
Não Aplicáveis	6	7	5	5	7	6	7	5	7	5
Fluxo de produção										
Adequações	0	0	0	0	0	0	0	0	0	0
Inadequações	4	3	2	2	2	2	2	3	4	3
Não Aplicáveis	0	1	2	2	2	2	2	1	0	1
Rotulagem e armazenamento do rótulo										
Adequações	1	2	3	0	1	0	0	2	0	3
Inadequações	3	2	1	2	3	2	2	2	2	1
Não Aplicáveis	5	5	5	7	5	7	7	5	7	5

Controlo de qualidade do produto final										
Adequações	0	0	0	0	0	0	0	0	0	0
Inadequações	3	1	1	2	1	3	2	1	1	2
Não Aplicáveis	1	3	3	2	3	1	2	3	3	2
Transporte do produto final										
Adequações	0	0	0	1	0	0	1	1	0	1
Inadequações	3	3	3	2	2	3	3	2	3	2
Não Aplicáveis	2	2	2	2	3	2	1	2	2	2
Manual de Boas Práticas de Fabricação										
Adequações	0	0	0	0	0	0	0	0	0	0
Inadequações	0	0	0	0	0	0	0	0	0	0
Não Aplicáveis	1	1	1	1	1	1	1	1	1	1
Procedimentos operacionais padronizados										
Adequações	0	0	0	0	0	0	0	0	0	0
Inadequações	8	8	8	8	8	8	8	8	8	8
Não Aplicáveis	8	8	8	8	8	8	8	8	8	8

Nenhuma das 10 Unidades Produtoras estudadas tem conhecimento de um Manual de Boas Práticas de Fabricação. Acredita-se que esse desconhecimento pelas BPF acaba influenciando significativamente no resultado alcançado.

Na Tabela 4 apresenta-se, a frequência geral de adequações e inadequações dos itens das BPF nas unidades produtoras de *Bombó* estudada. Ao observar a análise geral percebe-se logo que o total de itens considerados Adequados para cada Unidade Produtora de *Bombó* é muito reduzido, sendo o maior percentual de 8,64% entre eles. Este facto declara que o processo de produção artesanal deste produto quase que não obedece aos princípios de BPF.

Tabela 4: Adequações e Inadequações, dos itens da lista de verificação das BPF das Unidades Produtoras de Bombó, nos municípios de Quiculungo e Cambundi Catembo.

Frequência de Adequações e Inadequações	**A**	**B**	**C**	**D**	**E**	**F**	**G**	**H**	**I**	**J**
	n (%)	**n (%)**	**n (%)**	**n (%)**	**n (%)**	**n (%)**	**n (%)**	**n (%)**	**n (%)**	**n (%)**
Análise Geral										
Adequações	3 (1,85)	8 (4,93)	13 (8,02)	4 (2,46)	6 (3,70)	6 (3,70)	8 (4,93)	10 (6,17)	4 (2,46)	14 (8,64)
Inadequações	71 (43,82)	71 (43,82)	62 (38,27)	70 (43,20)	45 (27,77)	71 (43,82)	65 (40,12)	73 (45,06)	66 (40,70)	69 (42,59)
Não Aplicáveis	88 (54,32)	83 (51,23)	87 (53,70)	88 (54,32)	111 (68,51)	85 (52,46)	89 (54,93)	79 (48,76)	92 (56,79)	79(48,76)

O total de itens considerados não aplicáveis variou de 48,76% à 68,51% nas Unidades Produtoras e *Bombó*. Estes números demostram que muito deve ser feito para alcançar a excelência das BPF de *Bombó*

A classificação das Unidades Produtoras de *Bombó* em relação à aplicação das BPF está descrita na Tabela 5. Com base nesta tabela, é visível o facto de que todas as Unidades Produtoras estudadas se encontram no Grupo -3, caracterizadas como deficientes e de altos riscos para o consumidor.

Tabela 5: Percentagem de itens atendidos por unidades produtoras de Bombó, nos municípios de Quiculungo e Cambundi Catembo.

Produtoras de *Bombó*	**A**	**B**	**C**	**D**	**E**	**F**	**G**	**H**	**I**	**J**
	n (%)	**n (%)**	**n (%)**	**n (%)**	**n (%)**	**n (%)**	**n (%)**	**n (%)**	**n (%)**	**n (%)**
Itens atendidos	4.05%	10.13%	17.33%	5.41%	11.76%	7.79%	10.96%	12.05%	5.71%	16.87%

A realidade demonstra que as Unidades Produtoras de *Bombó* não estão implantando melhorias em seu processo de produção, e ainda desconhecem os procedimentos adequados para a fabricação deste produto com qualidade e que não observam os princípios de higiene necessários para garantir a integridade sanitária deste produto.

4.3. FLUXOGRAMA DE PRODUÇÃO ARTESANAL DE CAPUCA

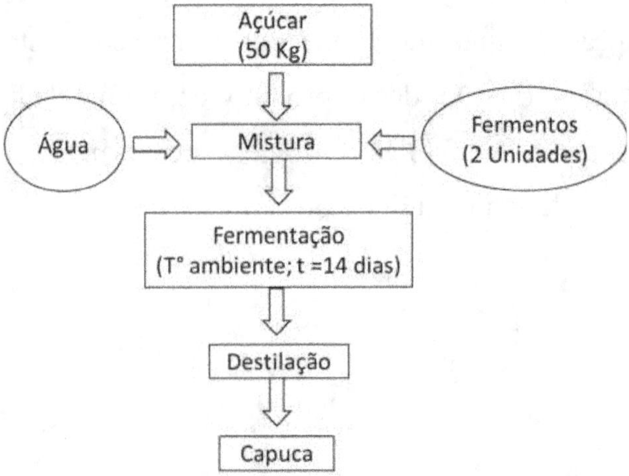

Figura 2: Fluxograma de produção artesanal de Capuca (açúcar), no município de Cambundi Catembo.

A *Capuca* de açúcar é um produto muito apreciado pela população das aldeias do município de Cambundi Catembo, província de Malanje. Diferente do Quiculungo, em Cambundi Catembo faz-se pouca produção de *Capuca* a partir de cana-de-açúcar, o que obriga os produtos locais a destilarem *Capuca* de açúcar apenas, com exceção de alguns poucos casos onde o produtor também acrescenta farelos de milho seco pisado.

A matéria-prima principal é o açúcar e geralmente é utilizado um saco de 50 quilogramas por cada processo de destilação.

Mistura: o açúcar é colocado num tambor de ferro preenchido de água até quase no limite superior. Adicionam-se também dois pacotes de fermentos (fermento de bolo) que facilmente pode ser adquirido nas cantinas locais e farelos de milho pisado quando houver condições para tal. O fermento é despejado na superfície da solução de água e açúcar, sem necessariamente agitar a água.

Fermentação: para estimular a fermentação, fecha-se o tambor durante catorze dias. E é durante este período que o processo de fermentação ocorre no interior dos tambores. Os microrganismos presentes nele consomem o açúcar simples disponível e produzem dióxido de carbono e álcool como resultado dos seus metabolismos.

Destilação: Feita a fermentação durante catorze dias, segue-se a fase da destilação que é feita no mesmo tambor onde ocorreu a fermentação. O tanque da mistura fermentada é aquecido através de uma fonte de calor que geralmente tem sido feita com lenhas com o propósito de separar o álcool da mistura, este processo é possível devido a diferença do ponto de ebulição, pois que, a medida que a mistura é aquecida com o calor das lenhas ardendo em chama, o líquido de menor ponto de ebulição (álcool) é vaporizado, separando-se da mistura. O ponto de ebulição de um líquido pode ser definido como a temperatura na qual sua pressão de vapor é igual a pressão externa, exercida em qualquer ponto, sobre sua superfície. O líquido entra em ebulição e "ferve", ou seja, é vaporizado por bolhas formadas no seio do líquido.

O vapor tem tendência de encontrar um escape a medida que a sua concentração vai aumentando num ambiente fechado, esse comportamento faz-se com que o álcool vaporizado passa pela tubulação que liga o tambor fechado em aquecimento e o recipiente para o produto final, e este álcool vaporizado vai se condensando a medida que vai passando pela tubulação devido a troca de calor que ocorre porque o tubo encontra-se emergindo em água fria, consequentemente o vapor retorna a líquido que é recolhido como produto final, denominado *Capuca* (bebida destilada popularmente chamada de *água do chefe*).

O alambique artesanal é formado por dois tambores, um onde ocorre a fermentação e outro onde passa a tubulação que é resfriada para ocorrer a condensação, e um recipiente onde se recolhe o produto final.

Figura 3: Fluxograma de produção artesanal de Capuca (de cana-de-açúcar), no município de Quiculungo.

Diferente da *Capuca* de açúcar, a *Capuca* de cana-de-açúcar é mais produzida no Quiculungo. Neste tipo, despois da recepção da cana, corta-se a cana em pedaços e coloca-se em tambores com água onde é retido durante sete dias para o processo de fermentação. Posteriormente a isso é realizada a operação unitária de destilação.

No Quiculungo, o alambique artesanal é composto por um tambor metálico apenas, e uma tubulação que liga este tambor ao recipiente de colecta do produto final. A tubulação por onde passa o álcool vaporizado passa no interior de um tronco de árvore que é humedecido regularmente para promover a condensação do vapor em líquido.

4.4. BPF NA PRODUÇÃO ARTESANAL DE CAPUCA

Na Tabela 6 estão detalhados os resultados por área dos estabelecimentos, informando a quantidade de conformidades e não conformidades das BPF, das 5 unidades produtoras de *Capuca*, nos municípios de Quiculungo e Cambundi Catembo. Como se observa nesta Tabela, os itens: Esgotamento Sanitário, Layout, Higienização dos Equipamentos, Matéria-Prima,

Ingredientes e Embalagens, Controlam de Qualidade e Procedimentos Operacionais Padronizados têm frequência de Adequações zero (0).

Tabela 6: Frequência de Adequações e Inadequações dos 5 produtores de Capuca, nos municípios de Quiculungo e Cambundi Catembo.

Check List	**Frequência de Adequações e Inadequações das 5 unidades produtoras de *Capuca***				
	A	**B**	**C**	**D**	**E**
Edificação e Instalações					
Adequações	4	6	6	3	5
Inadequações	21	19	18	31	22
Não Aplicáveis	21	21	22	12	19
Higienização das Instalações					
Adequações	0	1	1	0	0
Inadequações	5	4	3	8	5
Não Aplicáveis	4	4	5	1	4
Controle integrado de vectores e pragas urbanas					
Adequações	2	1	2	0	2
Inadequações	0	1	0	2	0
Não Aplicáveis	1	1	1	1	1
Abastecimento de Água					
Adequações	1	1	1	0	0
Inadequações	1	1	1	2	2
Não Aplicáveis	11	11	11	11	11
Manejo de Resíduos					
Adequações	1	1	2	0	2
Inadequações	2	2	1	3	1
Não Aplicáveis	0	0	0	0	0

Esgotamento sanitário					
Adequações	0	0	0	0	0
Inadequações	0	0	0	0	0
Não Aplicáveis	1	1	1	1	1
Layout					
Adequações	0	0	0	0	0
Inadequações	2	2	2	2	2
Não Aplicáveis	0	0	0	0	0
Equipamentos, móveis e utensílios					
Adequações	1	1	0	0	1
Inadequações	6	5	2	9	6
Não Aplicáveis	5	6	10	3	5
Higienização dos equipamentos e maquinários, e dos móveis e utensílios					
Adequações	0	0	0	0	0
Inadequações	7	6	6	8	7
Não Aplicáveis	2	3	3	1	2
Manipuladores					
Adequações	4	2	3	4	4
Inadequações	2	5	4	4	3
Não Aplicáveis	8	7	7	6	7
Matéria prima, ingredientes e embalagens					
Adequações	0	0	0	0	0
Inadequações	3	6	6	4	3
Não Aplicáveis	8	5	5	7	8
Fluxo de produção					
Adequações	1	1	1	1	1
Inadequações	2	2	1	2	1
Não Aplicáveis	1	1	2	1	2
Rotulagem e armazenamento do rótulo					
Adequações	3	4	4	2	3
Inadequações	1	0	0	2	1
Não Aplicáveis	5	5	5	5	5

Controlo de qualidade do produto final					
Adequações	0	0	0	0	0
Inadequações	1	1	1	4	2
Não Aplicáveis	3	3	3	0	2
Transporte do produto final					
Adequações	2	2	2	0	0
Inadequações	1	1	1	0	1
Não Aplicáveis	2	2	2	5	4
Manual de Boas Práticas de Fabricação					
Adequações	0	0	0	0	0
Inadequações	0	0	0	0	0
Não Aplicáveis	1	1	1	1	1
Procedimentos operacionais padronizados					
Adequações	0	0	0	0	0
Inadequações	4	8	8	8	8
Não Aplicáveis	12	8	8	8	8

Semelhantemente ao caso das Unidades Produtoras de *Bombó*, as Unidades Produtoras de *Capuca* desconhecem a existência de um Manual de Boas Práticas de Fabricação.

A análise geral das Unidades Produtoras de *Capuca*, descrita na Tabela 7, demostra que o maior percentual de Adequações por Unidade Produtora é de 13,58%, o que nem representa um quarto do total de itens de verificação de BPF. Enquanto que o maior percentual de Inadequações por Unidade Produtora é de 54,93%, um número acima da média.

Tabela 7: Adequações e Inadequações, dos itens da lista de verificação das BPFA das Unidades Produtoras de Capuca, nos municípios de Quiculungo e Cambundi Catembo.

Frequência de Adequações e Inadequações	**A**	**B**	**C**	**D**	**E**
	n (%)	**n (%)**	**n (%)**	**n (%)**	**n (%)**
Análise Geral					
Adequações	19 (11,72)	20 (12,34)	22 (13,58)	10 (6,17)	18 (11,11)
Inadequações	58 (35,80)	63 (38,88)	54 (33,33)	89 (54,93)	64 (39,50)
Não Aplicáveis	85 (52,46)	79 (48,76)	86 (53,08)	63 (38,88)	80 (49,38)

O total de itens considerados não aplicáveis variou de 38,88% à 53,08%.

De acordo com o *check – list* aplicado para verificação das BPF, 100% das Unidades Produtoras de *Capuca* foram classificados como Grupo -3, como é observado na Tabela 8, entendidas como deficientes e de altos riscos para o consumidor.

Tabela 8: Percentagem de itens atendidos por unidades produtoras de Capuca, nos municípios de Quicungo e Cambundi Catembo.

Produtores de *Capuca*	**A**	**B**	**C**	**D**	**E**
	n (%)	**n (%)**	**n (%)**	**n (%)**	**n (%)**
Itens atendidos	24.68%	24.10%	28.95%	10.10%	21.95%

As condições, em termos de assepsia, em que a *Capuca* é artesanalmente processada deixam muito a desejar. Foi este um factor que muito influenciou neste resultado.

5. CONSIDERAÇÕES FINAIS E RECOMENDAÇÕES

Carvalho, at al. (2017) acreditam que o processamento artesanal de alimentos aparece como uma importante ferramenta em vários aspectos: na diversificação alimentar; como forma de agregar valor aos produtos in natura; como fonte de renda complementar às demais actividades exercidas pela família em sua propriedade; como forma de ocupação do campo, uma vez que essas actividades são realizadas com factores de produção limitados; além disso, estimula a diversificação e o manejo mais sustentável nas propriedades.

Neste sentido, têm-se observado o aumento de movimentos que buscam a conservação, reconhecimento e registro dos produtos locais, processados de forma artesanal e que envolvam as tradições, hábitos e costumes dos povos onde são produzidos (Dentz, 2017).

Por meio da produção de alimentos tradicionais, o produtor rural de pequeno porte pode afastar-se da marginalização social, pois a identidade cultural presente nos produtos locais e regionais pode emancipá-los economicamente (Zuin & Zuin, 2007).

A pesquisa possibilitou aferir que o processamento artesanal de *Bombó* e *Capuca* na região Centro Norte de Angola não cumpre com os princípios de Boas Práticas de Produção, o que aperiga a saúde dos consumidores, desta feita comprovando a hipótese desta pesquisa.

Os matérias utilizados para estes processamentos são muitas vezes esquecidos ao se tratar da higienização, e existe um quase total desconhecimento das Boas Práticas de Fabricação a serem seguidas para garantir a integridade física, química e biológica dos produtos a serem produzidos.

Segundo afirma Marins *at al* (2014), na maioria dos serviços de alimentação, existem factores que limitam a implantação das boas práticas, como a falta de conscientização e capacitação de manipuladores, a ausência de um responsável técnico qualificado, investimentos em instalações adequadas, a indisponibilidade de recursos financeiros para a implantação, a falta de comprometimento dos proprietários e a deficiência de apoio e conhecimento para uma adequada implantação. Estudos realizados por Rêgo et al. (2001) em serviços de alimentação demonstraram que 70% deles não têm ou não seguem as boas práticas, por desconhecimento de critérios e parâmetros para o seu estabelecimento. Acredita-se que as Unidades Produtoras sobre as quais se incidiu esta pesquisa obedecem ao mesmo quadro, pois se notou um desconhecimento quase total das boas práticas necessárias para a fabricação de alimentos.

Os resultados evidenciam a necessidade urgente de se capacitarem as produtoras de *Bombó* e os produtores de *Capuca* sobre tecnologia destes produtos e sobre as Boas Práticas de Fabricação, com principal destaque para as áreas de higiene dos manipuladores, higiene sanitária; instalações, recepção, qualidade da matéria-prima e controle do processo produtivo, especialmente nas operações de fermentação e destilação e secagem.

O instrumento de colecta utilizado nesta pesquisa trata-se de uma recomendação da ANVISA para serviços de alimentação, sendo este aplicado para todo tipo de estabelecimento do ramo da alimentação, dessa forma a LVBP não inclui itens específicos para as Unidades Produtoras de *Bombó* e *Capuca*, e por outro lado, os itens não se mostraram muito adequados ao contexto angolano. Assim sugere-se aos órgãos regulamentadores em Angola, a elaboração de um instrumento de avaliação de Boas Práticas de Fabricação, adaptadas ao contexto e que contemple itens específicos para os diversos segmentos do ramo da alimentação.

Recomenda-se que novas pesquisas devem ser levadas a cabo para melhor enriquecer o conhecimento a respeito do que se processa artesanalmente em Angola, e a forma como são processados. Sem esquecer a ênfase que se deve dar na necessidade de conscientização, treinamento, cursos e desenvolvimento de um manual de boas práticas para ser seguido rigorosamente.

DIFICULDADES

Todo e qualquer trabalho de cunho cientifico apresenta certo grau de dificuldade que de diversas maneiras influenciam negativamente o desenvolvimento da pesquisa. A primeira dificuldade foi a escassez de bibliografias atinentes à temática, uma vez que a nível nacional existem poucos acervos bibliográficos que abordam sobre a forma que são processadas artesanalmente os produtos locais. A outra dificuldade cingiu-se principalmente na identificação de um instrumento de avaliação de Boas Práticas de Fabricação de alimentos que se adeque com o contexto estudado.

6. REFERÊNCIAS BIBLIOGRÁFICAS

ANVISA. Agência Nacional de Vigilância Sanitária. (21 de Outubro de 2002). *Resolução- RDC n 275.* Fonte: http://www.anvisa.gov.br/legis/resol/2002/275_02rdc.htm

Araújo, M. (1997). *Segurança Alimentar – os perigos para a saúde através dos alimentos.* Lisboa: Meriberica/Liber.

Bornheim, G. e. (1997). *Tradição/Contradição.* Rio de Janeiro: Jorge Zahar/Funarte.

Brasil. (2002). *ANVISA - Agência Nacional de Vigilância Sanitária Resolução RDC nº 259.*

Brasil. (2015). *Agroindústria de Alimentos. Boas práticas de fabricação (BPF).* Rio de Janeiro: EMBRAPA.

Brasil. Resolução RDC n. 216, de 15 de setembro de 2004. Dispõe sobre regulamento técnico de boas práticas para serviços de alimentação. Diário Oficial da

República Federativa do Brasil, Brasília, DF, 16 de set. de 2004, Seção 1.

Brasil. Resolução RDC n. 275, de 21 de outubro de 2002. Dispõe sobre o regulamento técnico de procedimentos operacionais padronizados aplicados aos estabelecimentos produtores/industrializadores de alimentos e lista de verificação das boas práticas de fabricação em estabelecimentos produtos/industrializadores de alimentos.

Carvalho, L. d., Coelho, J. d., Alves, E., Mello, A. L., Balem, T. A., & Silva, C. B. (12-15 de Setembro de 2017). O processamento artesanal de alimentos e os mercados de circuito curtos como estímulos ao desenvolvimento de sistemas de produção mais sustentáveis. *AGROECOLOGIA*.

Castro, R. S. (2013). *Boas práticas de fabricação (BPF), análise de tomate e água em restaurantes na cidade de Butucatu-SP* . BOTUCATU -SP.

Chin, J. (2002). *Manual de controle das doenças transmissíveis*. Porto Alegre: Artmed.

Dentz, B. G. (Maio de 2017). A produção artesanal de comida tradicional como patrimônio imaterial. *RIVAR, Vol. 4*, pp. 92-116.

Gil, A. C. (2008). *Como elaborar projetos de pesquisa.* (5, Ed.) São Paulo: Atlas.

Hilário, S. E. (2011). *Segurança alimentar em cantinas escolares. (Dissertação de mestrado publicada).* Lisboa, Portugal: Instituto Superior de Agronomia, Universidade Técnica de Lisboa.

Marconi, M. d., & Lakatos, E. M. (2003). *Fundamentos de motodologia científica* (5 ed.). (E. A. S.A, Ed.) SÃO PAULO.

Marins, B. R., Tancredi, R. C., & Gemal, A. L. (2014). *Segurança alimentar no contexto da vigilância sanitária: reflexões e práticas.* Rio de Janeiro: FIOCRUZ.

Mendes, S. (22 de Junho de 2004). *Segurança Alimentar – Abordagem Global e Integrada*. Fonte:http://www.esb.ucp.pt/twt/segalimentar/seg_alim_trabalho1/documents%20and%20settings/s.

Ministério da Agricultura e Pescas. (2020). *PLANO INTEGRADO DE ACELERAÇÃO DA AGRICULTURA E PESCA FAMILIAR*. Luanda: MINAGRIP.

Ministério da Saúde. Portaria nº 1.428, de 26 de novembro de 1993. Aprova, na forma dos textos anexos, o "Regulamento Técnico para Inspeção Sanitária de Alimentos", as "Diretrizes para o Estabelecimento de Boas Práticas de Produção e de Prestação de Serviços na Área de Alimentos" e o "Regulamento Técnico para o Estabelecimento de Padrão de Identidade e Qualidade (PIQ's) para Serviços e Produtos na Área de Alimentos". Determina que os estabelecimentos relacionados à área de alimentos adotem, sob responsabilidade técnica, as suas próprias boas práticas de produção e/ou prestação de serviços, seus programas de qualidade, e atendam aos PIQ's para produtos e serviços na área de alimentos. Diário Ofcial da União, Brasília, seção 1, 2 dez. 1993.

Oliveira, A. M., Sousa, P. V., Alves, A. A., Medeiros, S. R., & Mendonça, M. J. (2020). *Adequação de serviços de alimentação às boas práticas de fabricação. Conexões-Ciência e Tecnologia* (Vol. 14).

OMS. (2009). Food Safety News. Issued by the Department of Food Safety and Zoonoses (FOS).

Queiros, T. (2006). *Agronegócios: gestão e inovação* (1 ed., Vol. 1). São Paulo: Saraiva.

Queiroz, A. T., Rodrigues, C. R., Alves, G. G., & Kakisaka, L. (2000). Boas práticas de fabricação em restaurantes self- service a quilo. Higiene alimentar. 45-49.

Rêgo, J. C. (2001). *Proposta de um programa de boas práticas de manipulação e processamento de alimentos para unidades de alimentação e nutrição.* São Paulo.

Rodrigues, K. L. (2010). *Segurança alimentar em unidades de alimentação e nutrição. Tese (Doutorado em Ciências) – Programa de Pós-graduação em Ciência e Tecnologia Agroindustrial.* Pelotas: Universidade Federal de Pelotas.

Saccol, A. L. (2007). *Sistematização de ferramenta de apoio para boas práticas em serviços de alimentação.* Rio Grande do Sul, Brasil: Univerdidade Federal de Santa Maria.

Santos Junior, C. J. (2011). *Manual de BPF, POP, e registros em estabelecimentos alimentícios: guia técnico para elaboração.* Rio de Janeiro, Brasil: Editora Rúbio.

Schlüter, R. (2003). *Gastronomia e Turismo.* São Paulo: Aleph.

Soares, E. (Maio de 2007). Doenças de Origem Alimentar – Infecções e Intoxicações. Revista Segurança e Qualidade.

Teixeira, L. A., & Bonacim, J. E. (2003). *Levantamento dos aspectos microbiológicos dos produtos alimentícios comercializados no município de Curitiba no período 1998-2001 (Monografa: Especialização em Vigilância em Saúde).* Curitiba: Universidade Tuiuti do Paraná.

Zuin, L. F., & Zuin, P. B. (24 de 11 de 2007). Produção de alimentos tradicionais: contribuindo para o desenvolvimento local/regional dos pequenos produtores rurais. *G & DR*.

7 ANEXOS

1. LISTA DE VERIFICAÇÃO DAS BOAS PRÁTICAS DE FABRICAÇÃO EM ESTABELECIMENTOS

PRODUTORES/INDUSTRIALIZADORES DE ALIMENTOS.

<table>
<tr><td colspan="4">NÚMERO: /ANO</td></tr>
<tr><td colspan="4">A - IDENTIFICAÇÃO DA EMPRESA</td></tr>
<tr><td colspan="4">1-RAZÃO SOCIAL:</td></tr>
<tr><td colspan="4">2-NOME DE FANTASIA:</td></tr>
<tr><td>3-ALVARÁ/LICENÇA SANITÁRIA:</td><td colspan="3">4-INSCRIÇÃO ESTADUAL / MUNICIPAL:</td></tr>
<tr><td>5-CNPJ / CPF:</td><td>6-FONE:</td><td colspan="2">7-FAX:</td></tr>
<tr><td colspan="4">8-E - mail:</td></tr>
<tr><td>9-ENDEREÇO (Rua/Av.):</td><td>10-Nº:</td><td colspan="2">11-Compl.:</td></tr>
<tr><td>12-BAIRRO:</td><td>13-MUNICÍPIO:</td><td>14-UF:</td><td>15-CEP:</td></tr>
<tr><td>16-RAMO DE ACTIVIDADE:</td><td colspan="3">17-PRODUÇÃO MENSAL:</td></tr>
<tr><td>18-NÚMERO DE FUNCIONÁRIOS:</td><td colspan="3">19-NÚMERO DE TURNOS:</td></tr>
<tr><td colspan="4">20-CATEGORIA DE PRODUTOS:</td></tr>
</table>

Descrição da Categoria:			
Descrição da Categoria:			
Descrição da Categoria:			
Descrição da Categoria:			
Descrição da Categoria:			
21-RESPONSÁVEL TÉCNICO:	22-FORMAÇÃO ACADÊMICA:		
23-RESPONSÁVEL LEGAL/PROPRIETÁRIO DO ESTABELECIMENTO:			
24-MOTIVO DA INSPEÇÃO: ( ) SOLICITAÇÃO DE LICENÇA SANITÁRIA ( ) COMUNICAÇÃO DO INÍCIO DE FABRICAÇÃO DE PRODUTO DISPENSADO DA OBRIGATORIEDADE DE REGISTRO ( ) SOLICITAÇÃO DE REGISTRO			
( ) PROGRAMAS ESPECÍFICOS DE VIGILÂNCIA SANITÁRIA ( ) VERIFICAÇÃO OU APURAÇÃO DE DENÚNCIA ( ) INSPEÇÃO PROGRAMADA ( ) REINSPEÇÃO			
( ) RENOVAÇÃO DE LICENÇA SANITÁRIA ( ) RENOVAÇÃO DE REGISTRO ( ) OUTROS			
B - AVALIAÇÃO	SIM	NÃO	NA(*)
1. EDIFICAÇÃO E INSTALAÇÕES			
1.1 ÁREA EXTERNA:			

2. LISTA DE VERIFICAÇÃO DAS BOAS PRÁTICAS DE FABRICAÇÃO EM ESTABELECIMENTOS

PRODUTORES/INDUSTRIALIZADORES DE ALIMENTOS.

<table>
<tr><td colspan="4">NÚMERO: /ANO</td></tr>
<tr><td colspan="4">A - IDENTIFICAÇÃO DA EMPRESA</td></tr>
<tr><td colspan="4">1-RAZÃO SOCIAL:</td></tr>
<tr><td colspan="4">2-NOME DE FANTASIA:</td></tr>
<tr><td>3-ALVARÁ/LICENÇA SANITÁRIA:</td><td colspan="3">4-INSCRIÇÃO ESTADUAL / MUNICIPAL:</td></tr>
<tr><td>5-CNPJ / CPF:</td><td>6-FONE:</td><td colspan="2">7-FAX:</td></tr>
<tr><td colspan="4">8-E - mail:</td></tr>
<tr><td>9-ENDEREÇO (Rua/Av.):</td><td>10-Nº:</td><td colspan="2">11-Compl.:</td></tr>
<tr><td>12-BAIRRO:</td><td>13-MUNICÍPIO:</td><td>14-UF:</td><td>15-CEP:</td></tr>
<tr><td>16-RAMO DE ACTIVIDADE:</td><td colspan="3">17-PRODUÇÃO MENSAL:</td></tr>
<tr><td>18-NÚMERO DE FUNCIONÁRIOS:</td><td colspan="3">19-NÚMERO DE TURNOS:</td></tr>
<tr><td colspan="4">20-CATEGORIA DE PRODUTOS:</td></tr>
<tr><td colspan="4">Descrição da Categoria:</td></tr>
</table>

Descrição da Categoria:			
Descrição da Categoria:			
Descrição da Categoria:			
Descrição da Categoria:			
21-RESPONSÁVEL TÉCNICO:	22-FORMAÇÃO ACADÊMICA:		
23-RESPONSÁVEL LEGAL/PROPRIETÁRIO DO ESTABELECIMENTO:			
24-MOTIVO DA INSPEÇÃO: ( ) SOLICITAÇÃO DE LICENÇA SANITÁRIA ( ) COMUNICAÇÃO DO INÍCIO DE FABRICAÇÃO DE PRODUTO DISPENSADO DA OBRIGATORIEDADE DE REGISTRO ( ) SOLICITAÇÃO DE REGISTRO			
( ) PROGRAMAS ESPECÍFICOS DE VIGILÂNCIA SANITÁRIA ( ) VERIFICAÇÃO OU APURAÇÃO DE DENÚNCIA ( ) INSPEÇÃO PROGRAMADA ( ) REINSPEÇÃO			
( ) RENOVAÇÃO DE LICENÇA SANITÁRIA ( ) RENOVAÇÃO DE REGISTRO ( ) OUTROS			
B - AVALIAÇÃO	SIM	NÃO	NA(*)
1. EDIFICAÇÃO E INSTALAÇÕES			
1.1 ÁREA EXTERNA:			

1.1.1 Área externa livre de focos de insalubridade, de objetos em desuso ou estranhos ao ambiente, de vectores e outros animais no pátio e vizinhança; de focos de poeira; de acúmulo de lixo nas imediações, de água estagnada, dentre outros.			
1.1.2 Vias de acesso interno com superfície dura ou pavimentada, adequada ao trânsito sobre rodas, escoamento adequado e limpas			

1.2 ACESSO:			
1.2.1 Directo não comum a outros usos (habitação).			
1.3 ÁREA INTERNA:			
1.3.1 Área interna livre de objetos em desuso ou estranhos ao ambiente.			
1.4 PISO:			
1.4.1 Material que permite fácil e apropriada higienização (liso, resistente, drenados com declive, impermeável outros).			

1.4.2 Em adequado estado de conservação (livre de defeitos, rachaduras, trincas, buracos e outros).			
1.4.3 Sistema de drenagem dimensionado adequadamente, sem acúmulo de resíduos. Drenos, ralos sifonados e grelhas colocadas em locais adequados de forma a facilitar o escoamento e proteger contra a entrada de baratas, roedores etc.			
B - AVALIAÇÃO	.SIM	.NÃO	.NA(*)
1.5 TETOS:	.	.	.
1.5.1 Acabamento liso, em cor clara, impermeável, de fácil limpeza e, quando for o caso, desinfecção.	.	.	.
1.5.2 Em adequado estado de conservação (livre de trincas, rachaduras, umidade, bolor, descascamentos e outros).	.	.	.
1.6 PAREDES E DIVISÓRIAS:			
1.6.1 Acabamento liso, impermeável e de fácil higienização até uma altura adequada para todas as operações. De cor clara.	.	.	.
1.6.2 Em adequado estado de conservação (livres de falhas, rachaduras, umidade, descascamento e outros).	.	.	.

1.6.3 Existência de ângulos abaulados entre as paredes e o piso e entre as paredes e o teto.	.	.	.
1.7 PORTAS:			
1.7.1 Com superfície lisa, de fácil higienização, ajustadas aos batentes, sem falhas de revestimento.	.	.	.
1.7.2 Portas externas com fechamento automático (mola, sistema eletrônico ou outro) e com barreiras adequadas para impedir entrada de vectores e outros animais (telas milimétricas ou outro sistema).	.	.	.
1.7.3 Em adequado estado de conservação (livres de falhas, rachaduras, umidade, descascamento e outros).	.	.	
1.8 JANELAS E OUTRAS ABERTURAS:			
1.8.1 Com superfície lisa, de fácil higienização, ajustadas aos batentes, sem falhas de revestimento.	.	.	.
1.8.2 Existência de proteção de insetos e roedores, contra (telas milimétricas ou outro sistema).	.	.	.
1.8.3 Em adequado estado de conservação (livres de falhas, rachaduras, umidade, descascamento e outros).	.	.	.

1.9 INSTALAÇÕES SANITÁRIAS E VESTIÁRIOS PARA OS MANIPULADORES:			
1.9.1 Quando localizados isolados da área de produção, acesso realizado por passagens cobertas e calçadas.	.	.	.
1.9.2 Independentes para cada sexo (conforme legislação específica), identificados e de uso exclusivo para manipuladores de alimentos.	.	.	.
1.10.3 Instalações sanitárias com vasos sanitários; mictórios e lavatórios íntegros e em proporção adequada ao número de empregados (conforme legislação específica).	.	.	.
1.9.4 Instalações sanitárias servidas de água corrente, dotadas preferencialmente de torneira com acionamento automático e conectadas à rede de esgoto ou fossa séptica.	.	.	.
1.9.5 Ausência de comunicação direta (incluindo sistema de exaustão) com a área de trabalho e de refeições.	.	.	.
1.9.6 Portas com fechamento automático (mola, sistema eletrônico ou outro).	.	.	.
1.9.7 Pisos e paredes adequadas e apresentando satisfatório estado de conservação.	.	.	.
1.9.8 Iluminação e ventilação adequadas.	.	.	.

1.9.9 Instalações sanitárias dotadas de produtos destinados à higiene pessoal: papel higiênico, sabonete líquido inodoro anti-séptico ou sabonete líquido inodoro e anti-séptico, toalhas de papel não reciclado para as mãos ou outro sistema higiênico e seguro para secagem.	.	.	.

1.9.10 Presença de lixeiras com tampas e com acionamento não manual.	.	.	.
1.9.11 Coleta frequente do lixo.	.	.	.
1.9.12 Presença de avisos com os procedimentos para lavagem das mãos.	.	.	.
1.9.13 Vestiários com área compatível e armários individuais para todos os manipuladores.	.	.	.
1.9.14 Duchas ou chuveiros em número suficiente (conforme legislação específica), com água fria ou com água quente e fria.	.	.	.
1.9.15 Apresentam-se organizados e em adequado estado de conservação.	.	.	.
1.10 INSTALAÇÕES SANITÁRIAS PARA VISITANTES E OUTROS: . . .			
1.10.1 Instaladas totalmente independentes da área de produção e higienizadas.	.	.	.
1.11 LAVATÓRIOS NA ÁREA DE PRODUÇÃO: . . .			
1.11.1 Existência de lavatórios na área de manipulação com água corrente, dotados preferencialmente de torneira com acionamento automático, em posições adequadas em relação ao fluxo de produção e serviço, e em número suficiente de modo a atender toda a área de produção	.	.	.

1.11.2 Lavatórios em condições de higiene, dotados de sabonete líquido inodoro anti-séptico ou sabonete líquido inodoro e anti-séptico, toalhas de papel não reciclado ou outro sistema higiênico e seguro de secagem e coletor de papel acionados sem contato manual.	.	.	.
B - AVALIAÇÃO	SIM	NÃO	.NA(*)
1.12 ILUMINAÇÃO E INSTALAÇÃO ELÉTRICA: . . .			
1.12.1 Natural ou artificial adequada à actividade desenvolvida, sem ofuscamento, reflexos fortes, sombras e contrastes excessivos.	.	.	.
1.12.2 Luminárias com proteção adequada contra quebras e em adequado estado de conservação.	.	.	.
1.13.3 Instalações elétricas embutidas ou quando exteriores revestidas por tubulações isolantes e presas a paredes e tetos.	.	.	.
1.13 VENTILAÇÃO E CLIMATIZAÇÃO:			
1.13.1 Ventilação e circulação de ar capazes de garantir o conforto térmico e o ambiente livre de fungos, gases, fumaça, pós, partículas em suspensão e condensação de vapores sem causar danos à produção.	.	.	.
1.13.2 Ventilação artificial por meio de equipamento(s) higienizado(s) e com manutenção adequada ao tipo de equipamento.	.	.	.
1.13.3 Ambientes climatizados artificialmente com filtros adequados.	.	.	.

1.13.4 Existência de registro periódico dos procedimentos de limpeza e manutenção dos componentes do sistema de climatização (conforme legislação específica) afixado em local visível.	.	.	.
1.13.5 Sistema de exaustão e ou insuflamento com troca de ar capaz de prevenir contaminações.	.	.	.
1.13.6 Sistema de exaustão e ou insuflamento dotados de filtros adequados.	.	.	.
1.13.7 Captação e direção da corrente de ar não seguem a direção da área contaminada para área limpa.	.	.	.
1.14 HIGIENIZAÇÃO DAS INSTALAÇÕES:			
1.14.1 Existência de um responsável pela operação de higienização comprovadamente capacitada.	.	.	.
1.14.2 Frequência de higienização das instalações adequada.	.	.	.
1.14.3 Existência de registro da higienização.	.	.	.
1.14.4 Produtos de higienização regularizados pelo Ministério da Saúde.	.	.	.
1.14.5 Disponibilidade dos produtos de higienização necessários à realização da operação.	.	.	.

1.14.6 A diluição dos produtos de higienização, tempo de contato e modo de uso/aplicação obedecem às instruções recomendadas pelo fabricante.	.	.	.
1.14.7 Produtos de higienização identificados e guardados em local adequado.	.	.	.
1.14.8 Disponibilidade e adequação dos utensílios (escovas, esponjas etc.) necessários à realização da operação. Em bom estado de conservação.	.	.	.
1.14.9 Higienização adequada.	.	.	.
1.15 CONTROLE INTEGRADO DE VECTORES E PRAGAS URBANAS:			
1.15.1 Ausência de vectores e pragas urbanas ou qualquer evidência de sua presença como fezes, ninhos e outros.	.	.	.
1.15.2 Adoção de medidas preventivas e corretivas com o objectivo de impedir a atração, o abrigo, o acesso e ou proliferação de vectores e pragas urbanas.	.	.	.
1.15.3 Em caso de adoção de controle químico, existência de comprovante de execução do serviço expedido por empresa especializada.	.	.	.

1.16 ABASTECIMENTO DE ÁGUA:			
1.16.1 Sistema de abastecimento ligado à rede pública.	.	.	.
1.16.2 Sistema de captação própria, protegido, revestido distante de fonte de contaminação.	.	.	.
1.16.3 Reservatório de água acessível com instalação hidráulica com volume, pressão e temperatura adequados dotado de tampas, em satisfatória condição de uso, livre d vazamentos, infiltrações e descascamentos.	.	.	.
1.16.4 Existência de responsável comprovadamente capacitado para a higienização do reservatório da água.	.	.	.
1.16.5 Apropriada frequência de higienização de reservatório de água.	.	.	.
1.16.6 Existência de registro da higienização d reservatório de água ou comprovante de execução de serviço em caso de terceirização.	.	.	.
1.16.7 Encanamento em estado satisfatório e ausência d infiltrações e interconexões, evitando conexão cruzada entre água potável e não potável.	.	.	.
1.16.8 Existência de planilha de registro da troca periódica do elemento filtrante.	.	.	.

1.16.9 Potabilidade da água atestada por meio de laudo laboratoriais, com adequada periodicidade, assinados por técnico responsável pela análise ou expedidos por empresa terceirizada.	. r	.	.
1.16.10 Disponibilidade de reagentes e equipamento necessários à análise da potabilidade de água realizadas n estabelecimento.	.	.	.
1.16.11 Controle de potabilidade realizado por técnico comprovadamente capacitado.	.	.	.
1.16.12 Gelo produzido com água potável, fabricado manipulado e estocado sob condições sanitária satisfatórias, quando destinado a entrar em contato com alimento ou superfície que entre em contato com alimento	.	.	.
1.16.13 Vapor gerado a partir de água potável quando utilizado em contato com o alimento ou superfície que entre em contato com o alimento.	. e	.	.
B - AVALIAÇÃO	SIM	NÃO	NA(*)
1.17 MANEJO DOS RESÍDUOS:. . .			

1.17.1 Recipientes para coleta de resíduos no interior do estabelecimento de fácil higienização e transporte, devidamente identificados e higienizados constantemente; uso de sacos de lixo apropriados. Quando necessário recipiente tampados com acionamento não manual.			
1.17.2 Retirada frequente dos resíduos da área de processamento, evitando focos de contaminação.			
1.17.3 Existência de área adequada para estocagem dos resíduos.			
1.18 ESGOTAMENTO SANITÁRIO:			
1.18.1 Fossas, esgoto conectado à rede pública, caixas de gordura em adequado estado de conservação e funcionamento.			
1.19 LEIAUTE:			
1.19.1 Leiaute adequado ao processo produtivo: número, capacidade e distribuição das dependências de acordo com o ramo de actividade, volume de produção e expedição.			
1.19.2 Áreas para recepção e depósito de matéria-prima, ingredientes e embalagens distintas das áreas de produção, armazenamento e expedição de produto final.			
OBSERVAÇÕES . . .			

B - AVALIAÇÃO	SIM	NÃO	NA(*)
2. EQUIPAMENTOS, MÓVEIS E UTENSÍLIOS . . .			
2.1 EQUIPAMENTOS: . . .			
2.1.1 Equipamentos da linha de produção com desenho e número adequado ao ramo.	.	.	.
2.1.2 Dispostos de forma a permitir fácil acesso e higienização adequada.	.	.	.
2.1.3 Superfícies em contato com alimentos lisas, íntegras impermeáveis, resistentes à corrosão, de fácil higienização e de material não contaminante.	.	.	.
2.1.4 Em adequado estado de conservação e funcionamento.	.	.	.
2.1.5 Equipamentos de conservação dos alimentos (refrigeradores, congeladores, câmaras frigoríficas e outros), bem como os destinados ao processamento térmico, com medidor de temperatura localizado em loca apropriado e em adequado funcionamento.	.	.	.
2.1.6 Existência de planilhas de registro da temperatura conservadas durante período adequado.	.	.	.
2.1.7 Existência de registros que comprovem que o equipamentos e maquinários passam por manutenção preventiva.	.	.	.

2.1.8 Existência de registros que comprovem a calibração dos instrumentos e equipamentos de medição ou comprovante da execução do serviço quando a calibração for realizada por empresas terceirizadas.	.	.	.
2.2 MÓVEIS: (mesas, bancadas, vitrines, estantes)			

2.2.1 Em número suficiente, de material apropriado, resistentes, impermeáveis; em adequado estado de conservação, com superfícies íntegras.	.	.	.
2.2.2 Com desenho que permita uma fácil higienização (lisos, sem rugosidades e frestas).	.	.	.
2.3 UTENSÍLIOS:			
2.3.1 Materiais não contaminantes resistentes à corrosão, de tamanho e forma que permitam fácil higienização: em adequado estado de conservação e em número suficiente e apropriado ao tipo de operação utilizada.	.	.	.
2.3.2 Armazenados em local apropriado, de forma organizada e protegidos contra a contaminação.	.	.	.
2.4 HIGIENIZAÇÃO DOS EQUIPAMENTOS E MAQUINÁRIOS, E DOS MÓVEIS E UTENSÍLIOS:			

2.4.1 Existência de um responsável pela operação de higienização comprovadamente capacitada.	.	.	.
2.4.2 Frequência de higienização adequada.	.	.	.
2.4.3 Existência de registro da higienização.	.	.	.
2.4.4 Produtos de higienização regularizados pelo Ministério da Saúde.	.	.	.
2.4.5 Disponibilidade dos produtos de higienização necessários à realização da operação.	.	.	.
2.4.6 Diluição dos produtos de higienização, tempo de contato e modo de uso/aplicação obedecem às instruções recomendadas pelo fabricante.	.	.	.
2.4.7 Produtos de higienização identificados e guardados em local adequado.	.	.	.
2.4.8 Disponibilidade e adequação dos utensílios necessários à realização da operação. Em bom estado de conservação.	.	.	.
2.4.9 Adequada higienização.	.	.	.
OBSERVAÇÕES.			
B - AVALIAÇÃO	SIM	NÃO	NA(*)
3. MANIPULADORES. . .			
3.1 VESTUÁRIO: . . .			
3.1.1 Utilização de uniforme de trabalho de cor clara, adequado à actividade e exclusivo para área de produção.	.	.	.
3.1.2 Limpos e em adequado estado de conservação.	.	.	.

3.1.3 Asseio pessoal: boa apresentação, asseio corporal, mãos limpas, unhas curtas, sem esmalte, sem adornos (anéis, pulseiras, brincos, etc.); manipuladores barbeados, com os cabelos protegidos.	.	.	.

3.2 HÁBITOS HIGIÊNICOS:			
3.2.1 Lavagem cuidadosa das mãos antes da manipulação de alimentos, principalmente após qualquer interrupção e depois do uso de sanitários.	.	.	.
3.2.2 Manipuladores não espirram sobre os alimentos, não cospem, não tossem, não fumam, não manipulam dinheiro ou não praticam outros atos que possam contaminar o alimento.	.	.	.
3.2.3 Cartazes de orientação aos manipuladores sobre a correta lavagem das mãos e demais hábitos de higiene, afixados em locais apropriados.	.	.	.
3.3 ESTADOS DE SAÚDE:			
3.3.1 Ausência de afecções cutâneas, feridas e supurações; ausência de sintomas e infecções respiratórias, gastrointestinais e oculares.	.	.	.
3.4 PROGRAMAS DE CONTROLE DE SAÚDE:			
3.4.1 Existência de supervisão periódica do estado de saúde dos manipuladores.	.	.	.
3.4.2 Existência de registro dos exames realizados.	.	.	.

3.5 EQUIPAMENTO DE PROTEÇÃO INDIVIDUAL:			
3.5.1 Utilização de Equipamento de Proteção Individual.	.	.	.
3.6 PROGRAMAS DE CAPACITAÇÃO DOS MANIPULADORES E SUPERVISÃO:			
3.6.1 Existência de programa de capacitação adequado e contínuo relacionado à higiene pessoal e à manipulação dos alimentos.	.	.	.
3.6.2 Existência de registros dessas capacitações.	.	.	.
3.6.3 Existência de supervisão da higiene pessoal e manipulação dos alimentos.	.	.	.
3.6.4 Existência de supervisor comprovadamente capacitado.	.	.	.
OBSERVAÇÕES	.	.	.

B - AVALIAÇÃO	SIM	NÃO	NA(*)
4. PRODUÇÃO E TRANSPORTE DO ALIMENTO			
4.1 MATÉRIA-PRIMA, INGREDIENTES E EMBALAGENS: . . .			
4.1.1 Operações de recepção da matéria-prima, ingredientes e embalagens são realizadas em local protegido e isolado da área de processamento.	.	.	.
4.1.2 Matérias - primas, ingredientes e embalagens inspecionados na recepção.	.	.	.

4.1.3 Existência de planilhas de controle na recepção (temperatura e características sensoriais, condições de transporte e outros).	.	.	.
4.1.4 Matérias-primas e ingredientes aguardando liberação e aqueles aprovados estão devidamente identificados.	.	.	.
4.1.5 Matérias-primas, ingredientes e embalagens reprovados no controle efetuado na recepção são devolvidos imediatamente ou identificados e armazenados em local separado.	.	.	.
4.1.6 Rótulos da matéria-prima e ingredientes atendem à legislação.	.	.	.
4.1.7 Critérios estabelecidos para a seleção das matérias-primas são baseados na segurança do alimento.	.	.	.
4.1.8 Armazenamento em local adequado e organizado; sobre estrados distantes do piso, ou sobre paletes, bem conservados e limpos, ou sobre outro sistema aprovado, afastados das paredes e distantes do teto de forma que permita apropriada higienização, iluminação e circulação de ar.	.	.	.
4.1.9 Uso das matérias-primas, ingredientes e embalagens respeita a ordem de entrada dos mesmos, sendo observado o prazo de validade.	.	.	.
4.1.10 Acondicionamento adequado das embalagens a serem utilizadas.	.	.	.

4.1.11 Rede de frio adequada ao volume e aos diferentes tipos de matérias-primas e ingredientes.	.	.	.
4.2 FLUXOS DE PRODUÇÃO:			
4.2.1 Locais para pré - preparo ("área suja") isolados da área de preparo por barreira física ou técnica.	.	.	.
4.2.2 Controle da circulação e acesso do pessoal.	.	.	.
4.2.3 Conservação adequada de materiais destinados ao reprocessamento.	.	.	.
4.2.4 Ordenado, linear e sem cruzamento.	.	.	.
B - AVALIAÇÃO	SIM	NÃO	NA(*)
4.3 ROTULAGEM E ARMAZENAMENTO DO PRODUTO-FINAL:			
4.3.1 Dizeres de rotulagem com identificação visível e de acordo com a legislação vigente.	.	.	.
4.3.2 Produto final acondicionado em embalagens adequadas e íntegras.	.	.	.
4.3.3 Alimentos armazenados separados por tipo ou grupo, sobre estrados distantes do piso, ou sobre paletes, bem conservados e limpos ou sobre outro sistema aprovado, afastados das paredes e distantes do teto de forma a permitir apropriada higienização, iluminação e circulação de ar.	.	.	.

4.3.4 Ausência de material estranho, estragado ou tóxico.	.	.	.
4.3.5 Armazenamento em local limpo e conservado	.	.	.
4.3.6 Controle adequado e existência de planilha de registro de temperatura, para ambientes com controle térmico.	.	.	.
4.3.7 Rede de frio adequada ao volume e aos diferentes tipos de alimentos.	.	.	.
4.3.8 Produtos avariados, com prazo de validade vencido, devolvidos ou recolhidos do mercado devidamente identificados e armazenados em local separado e de forma organizada.	.	.	.
4.3.9 Produtos finais aguardando resultado analítico ou em quarentena e aqueles aprovados devidamente identificados.	.	.	.
4.4 CONTROLE DE QUALIDADE DO PRODUTO FINAL:			
4.4.1 Existência de controle de qualidade do produto final.	.	.	.
4.4.2 Existência de programa de amostragem para análise laboratorial do produto final.	.	.	.
4.4.3 Existência de laudo laboratorial atestando o controle de qualidade do produto final, assinado pelo técnico da empresa responsável pela análise ou expedido por empresa terceirizada.	.	.	.

4.4.4 Existência de equipamentos e materiais necessários para análise do produto final realizadas no estabelecimento.	.	.	.
4.5 TRANSPORTE DO PRODUTO FINAL:			
4.5.1 Produto transportado na temperatura especificada no rótulo.	.	.	.
4.5.2 Veículo limpo, com cobertura para proteção de carga. Ausência de vectores e pragas urbanas ou qualquer evidência de sua presença como fezes, ninhos e outros.	.	.	.
4.5.3 Transporte mantém a integridade do produto.	.	.	.
4.5.4 Veículo não transporta outras cargas que comprometam a segurança do produto.	.	.	.
4.5.5 Presença de equipamento para controle de temperatura quando se transporta alimentos que necessitam de condições especiais de conservação.	.	.	.

OBSERVAÇÕES. . .

B - AVALIAÇÃO	SIM	NÃO	NA(*)
5. DOCUMENTAÇÃO			
5.1 MANUAIS DE BOAS PRÁTICAS DE FABRICAÇÃO:			

5.1.1 Operações executadas no estabelecimento estão de acordo com o Manual de Boas Práticas de Fabricação.			
5.2 PROCEDIMENTOS OPERACIONAIS PADRONIZADOS:			
5.2.1 Higienização das instalações, equipamentos e utensílios:			
5.2.1.1 Existência de POP estabelecido para este item.			
5.2.1.2 POP descrito está sendo cumprido.			
5.2.2 Controle de potabilidade da água:			
5.2.2.1 Existência de POP estabelecido para controle de potabilidade da água.			
5.2.2.2 POP descrito está sendo cumprido.			
5.2.3 Higiene e saúde dos manipuladores:			
5.2.3.1 Existência de POP estabelecido para este item.			
5.2.3.2 POP descrito está sendo cumprido.			
5.2.4 Manejo dos resíduos:			
5.2.4.1 Existência de POP estabelecido para este item.			
5.2.4.2 O POP descrito está sendo cumprido.			
5.2.5 Manutenção preventiva e calibração de equipamentos.			

5.2.5.1 Existência de POP estabelecido para este item.	.	.	
5.2.5.2 O POP descrito está sendo cumprido.	.	.	
5.2.6 Controle integrado de vectores e pragas urbanas:			
5.2.6.1 Existência de POP estabelecido para este item.	.	.	
5.2.6.2 O POP descrito está sendo cumprido.	.	.	
5.2.7 Seleção das matérias-primas, ingredientes e embalagens:			
5.2.7.1 Existência de POP estabelecido para este item.	.	.	
5.2.7.2 O POP descrito está sendo cumprido.	.	.	
B - AVALIAÇÃO	SIM	NÃO	NA(*)
5.2.8 Programa de recolhimento de alimentos:			
5.2.8.1 Existência de POP estabelecido para este item.	.		.
5.2.8.2 O POP descrito está sendo cumprido.	.		.
OBSERVAÇÕES	.	.	.
C - CONSIDERAÇÕES FINAIS			
D - CLASSIFICAÇÃO DO ESTABELECIMENTO			

Compete aos órgãos de vigilância sanitária estaduais e distrital, em articulação com o órgão competente no âmbito federal, a construção do panorama sanitário dos estabelecimentos produtores/industrializadores de alimentos, mediante sistematização dos dados obtidos nesse item. O panorama sanitário será utilizado como critério para definição e priorização das estratégias institucionais de intervenção.	
( ) GRUPO 1 - 76 A 100% de atendimento dos itens ( ) GRUPO 2 - 51 A 75% de atendimento dos itens ( ) GRUPO 3 - 0 A 50% de atendimento dos itens	
E - RESPONSÁVEIS PELA INSPEÇÃO	
___________________________ Nome e assinatura do responsável Matrícula:	___________________________ Nome e assinatura do responsável Matrícula:
F - RESPONSÁVEL PELA EMPRESA	
____________________________________ Nome e assinatura do responsável pelo estabelecimento	
LOCAL:	DATA: _____ / _____ / _____

(*) NA: Não se aplica

Publisher: Eliva Press Global Ltd

Email: info@elivapress.com

Eliva Press is an independent international publishing house established for the publication and dissemination of academic works all over the world. Company provides high quality and professional service for all of our authors.

Our Services:

Free of charge, open-minded, eco-friendly, innovational.

-Free standard publishing services (manuscript review, step-by-step book preparation, publication, distribution, and marketing).

-No financial risk. The author is not obliged to pay any hidden fees for publication.

-Editors. Dedicated editors will assist step by step through the projects.

-Money paid to the author for every book sold. Up to 50% royalties guaranteed.

-ISBN (International Standard Book Number). We assign a unique ISBN to every Eliva Press book.

-Digital archive storage. Books will be available online for a long time. We don't need to have a stock of our titles. No unsold copies. Eliva Press uses environment friendly print on demand technology that limits the needs of publishing business. We care about environment and share these principles with our customers.

-Cover design. Cover art is designed by a professional designer.

-Worldwide distribution. We continue expanding our distribution channels to make sure that all readers have access to our books.

-Marketing tools. We provide marketing tools such as banners, paid advertising, social media promotion and more.

www.ingramcontent.com/pod-product-compliance
Lightning Source LLC
LaVergne TN
LVHW022304200926
848481LV00004B/1218